LE LEVIER

Adaptation au français par
Claude Potvin et Rose-Ella Potvin

Texte de Harlan Wade

Conçu et illustré par
Denis Wrigley

RAINTREE CHILDRENS BOOKS
Milwaukee · Toronto · Melbourne · London

LE LEVIER

Tu veux soulever une grosse boîte lourde.

Tu apportes une
planche pour rendre
le travail plus facile.

Mais tu ne réussis
pas.

Un billot t'aiderait
peut-être.

Tu glisses le billot
sous la planche.

Et tu fais un nouvel
effort.

Et voilà! Quand tu pousses la planche par en bas, la boîte se déplace par en haut!

Tu utilises ainsi un levier pour t'aider à soulever la boîte.

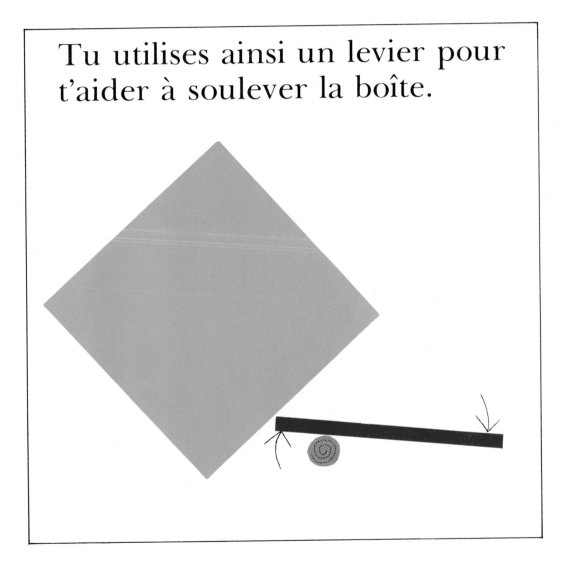

Voyons ce dont tu as
besoin pour
utiliser un levier.

D'abord, il te faut en objet que tu
désires soulever. Ensuite, tu as
besoin d'un long objet, comme
une planche, qui sert de levier.
Il te faut aussi quelque chose que
tu poseras sous le levier. Il s'agit
d'un point d'appui. Un billot fait
un bon point d'appui.

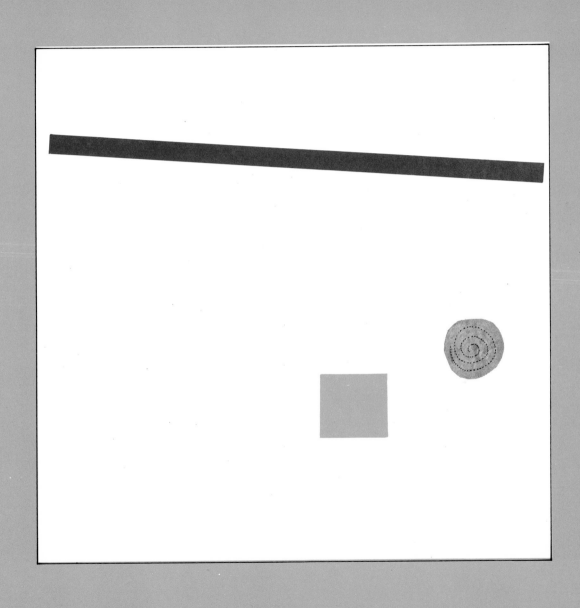

15

L'endroit où se
trouve le point
d'appui a-t-il de
l'importance?

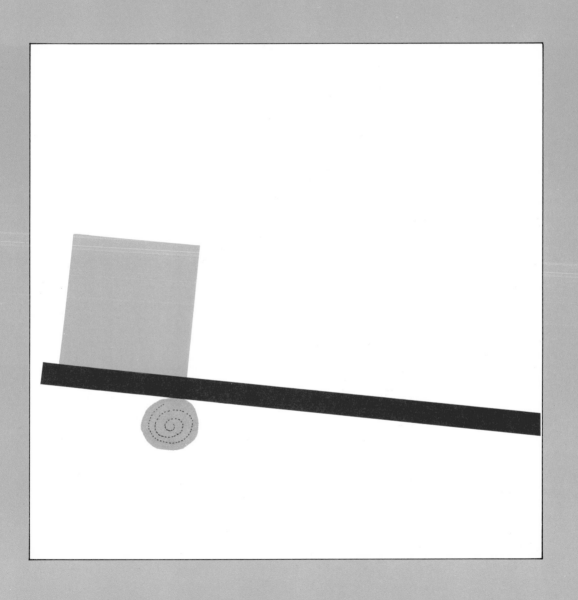

17

Oui!

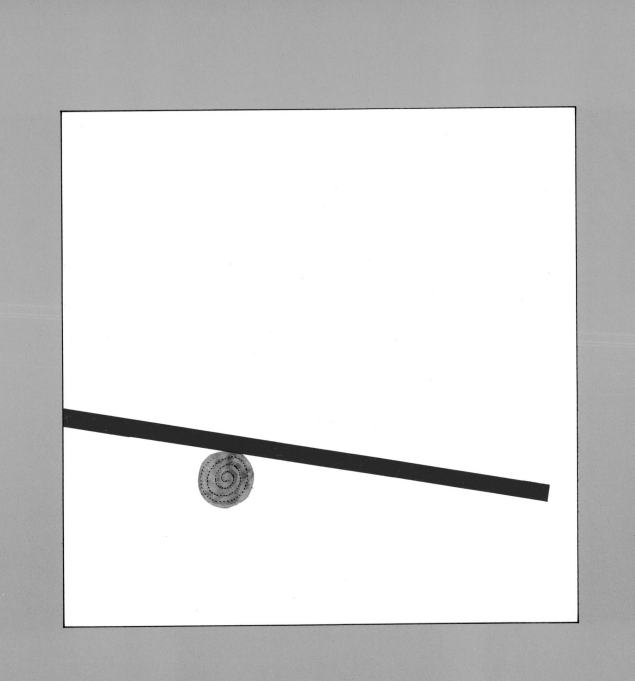

19

Plus le point d'appui est près
de toi, plus l'objet est difficile
à soulever.

Plus le point d'appui est loin de toi, plus l'objet est facile à soulever.

On utilise les leviers
de plusieurs façons.

Tu peux t'amuser à
l'aide d'un levier.

As-tu déjà utilisé une cuillère pour enlever le couvercle d'une boîte?

La cuillére sert de levier.

Cette brouette
déplace de lourdes
charges. Des parties
de la brouette servent
de levier et de point
d'appui.

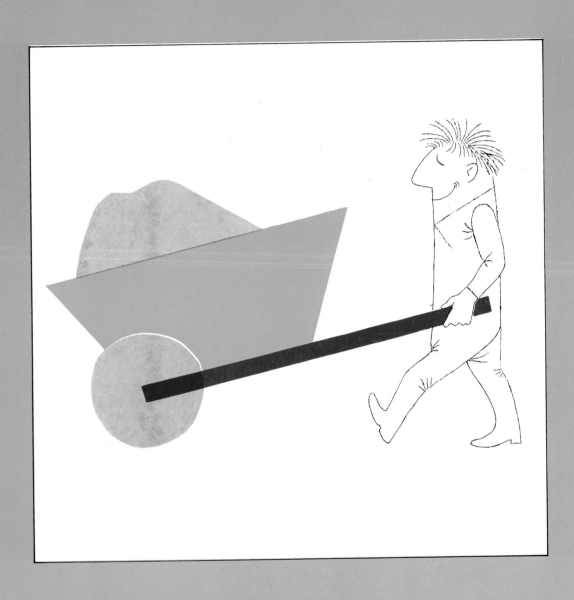

Où est le levier dans cette image? Où est le point d'appui?

Peux-tu trouver
d'autres leviers?